डायबिटीज़

से बचाव और नियंत्रण के लिए खाएं

कैसे सुपरफूड्स आपको रोग मुक्त जीने में मदद कर सकते हैं
(एक्सट्रेक्ट एडिशन)

ला फॉनसिएर

Eb
emerald books

Eb
emerald books

प्रिय पाठक,

डायबिटीज़ से बचाव और नियंत्रण के लिए खाएं का उद्देश्य डायबिटीज़ के गहन ज्ञान के साथ-साथ कुदरती रूप से डायबिटीज़ को रोकने और नियंत्रित करने वाले सर्वोत्तम खाद्य विकल्प प्रदान करके दवाओं पर आपकी निर्भरता को कम करने में मदद करना है।

सेहतमंद खाएं, खुशी से जियें!

ला फॉनसिएर

La Fonsieur

फार्मेसी में परास्नातक,
पंजीकृत फार्मासिस्ट
और शोध वैज्ञानिक

अनुक्रम

परिचय

आजकल डायबिटीज़ काफी आम हो गया है। हर परिवार में किसी ना किसी को यह बीमारी होती है। लोग इस बीमारी को जीवन का हिस्सा मानने लगे हैं, जो अच्छी बात नहीं है। आज हम जिस जीवनशैली का नेतृत्व कर रहे हैं - प्रोसेस्ड खाद्य पदार्थों का अधिक सेवन, बार-बार बाहर खाना, धूम्रपान और शराब का सेवन, इसकी 70% संभावना है कि 50 की उम्र तक आपको डायबिटीज़ होगा।

शरीर में एक रोग की स्थिति का मतलब है कि आपका इम्यून सिस्टम लगातार बीमारी से लड़ने में व्यस्त रहता है, जल्द ही आपका इम्यून सिस्टम अपनी प्रभावशीलता खो देता है और कमजोर हो जाता है। यदि कोई अन्य बीमारी हमला करती है, तो आपका इम्यून सिस्टम लड़ने में असमर्थ रहता है, इससे जीवनलेवा परिणाम हो सकते हैं। अपने स्वास्थ्य की देखभाल के लिए आपको अपने 20s से ही शुरुआत करना बहुत महत्वपूर्ण है। किसी भी बीमारी से कुदरती रूप से लड़ने के लिए अपने शरीर को मजबूत बनाएं।

अधिक बीमारियों का मतलब है अधिक दवाएं। फार्मेसी फील्ड से होने के नाते, मैं आपको आश्वस्त कर सकती हूँ कि दवाओं पर निर्भरता अच्छी नहीं है। रोग में निर्धारित दवाओं के दुष्प्रभाव होते हैं। साइड इफेक्ट्स को कम करने के लिए, आपको अक्सर दवाओं का एक अन्य सेट दिया जाता है जो आपकी प्राथमिक दवाओं के दुष्प्रभावों का इलाज करते हैं, लेकिन उनके खुद भी दुष्प्रभाव भी होते हैं, जिसके लिए फिर से कुछ अन्य दवाओं की आवश्यकता होती है, इस तरह मूल रूप से, यह चक्र जारी रहता है। लेकिन एक हल है! आप अपने आहार में ऐसे खाद्य पदार्थों को शामिल कर सकते हैं जिनका आपकी

दवाओं की तरह ही असर होता है। इन खाद्य पदार्थों के नियमित सेवन से, आप अपने शरीर को ठीक कर सकते हैं और कुदरति रूप से बीमारी से लड़ने के लिए अपनी इम्म्युनिटी बढ़ा सकते हैं।

उद्देश्य बीमारी को रोकने का होना चाहिए, और तैयारी आपके 20s में शुरू होती है। आप अपने 20s में जो खाते हैं, वह आपके 50s को प्रभावित करता है। किसी बीमारी को रोकने के लिए, आपको बीमारी का पूरा ज्ञान होना चाहिए, जैसे कि ऐसा क्यों होता है? यह आपके शरीर को कैसे प्रभावित करता है? बीमारी की स्थिति में आपके शरीर में वास्तव में क्या होता है? अन्य स्वास्थ्य समस्याएं क्या हैं जो किसी विशेष बीमारी के कारण हो सकती हैं?

डायबिटीज़ से बचाव और नियंत्रण के लिए खाएं में, इन सभी विषयों पर विस्तार से चर्चा की जाएगी। आप डायबिटीज़ के बारे में सबकुछ जानेंगे। इस बीमारी को रोकने के लिए, आपको किन खाद्य पदार्थों और जीवनशैली के विकल्पों से बचना चाहिए और किन विकल्पों को अपनाना चाहिए? डायबिटीज़ से बचने और नियंत्रित करने के लिए आपकी क्या रणनीति होनी चाहिए। वे कौन से खाद्य पदार्थ हैं जो आपकी डायबिटीज़ के दवाओं के क्रिया की नकल करके आपके ब्लड शुगर के स्तर को कम करने में मदद करते हैं? डायबिटीज़ को रोकने के लिए और इससे छुटकारा पाने के लिए आप किन महत्वपूर्ण बिंदुओं का पालन करना चाहिए?

इस पुस्तक में आप कुछ स्वस्थ और स्वादिष्ट व्यंजन भी पाएंगे जो बहुत स्वादिष्ट हैं, साथ ही इनके सभी इंग्रेडिएंट्स स्वास्थ्यपद भी हैं। ये व्यंजन आपकी इम्म्युनिटी को मजबूत बनाने के साथ-साथ आपके स्वादिस्ट खाने की ललक को भी संतुष्ट करेंगे। स्वस्थ कल के लिए तैयार हो जाएं।

अध्याय 1

डायबिटीज़ : रोकथाम और नियंत्रण

1

सब कुछ जो आपको डायबिटीज़ के बारे में जानना चाहिए

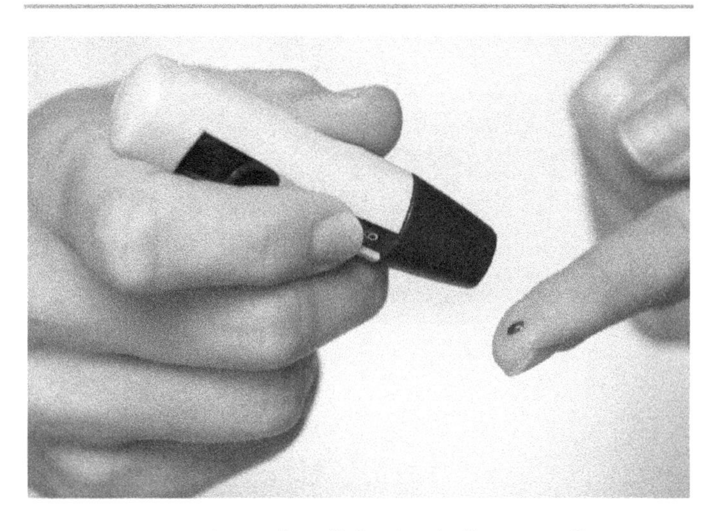

सब कुछ जो आपको डायबिटीज़ के बारे में जानना चाहिए

डायबिटीज़ शायद सबसे आम पुरानी बीमारी है; दुनिया की वयस्क आबादी में से 11 में से 1 व्यक्ति डायबिटीज़ के साथ जी रहा है। यह धीमे जहर की तरह है। यह धीरे-धीरे आपके शरीर के दूसरे हिस्से को प्रभावित करता है और गुर्दे की विफलता, अंधापन और दिल के दौरे का एक प्रमुख कारण है। चिंता का विषय यह है कि लोग डायबिटीज़ को गंभीरता से नहीं लेते हैं। युवा पीढ़ी इसके बारे में अच्छी तरह से

शिक्षित नहीं है, और प्रभावित लोग दवाओं पर बेहद निर्भर हैं, और आहार और व्यायाम के मोर्चे पर कम प्रयास करते हैं। डायबिटीज़ उम्र के साथ नहीं आता है, लेकिन यह खराब जीवनशैली और स्वस्थ पोषक तत्वों की कमी के साथ आता है। यदि आपको टाइप 2 डायबिटीज़ है, तो आपको इसे अपनाने की आवश्यकता नहीं है; डायबिटीज़ प्रतिवर्ती है। प्रारंभिक निदान, एक स्वस्थ आहार, शारीरिक गतिविधि और आपकी दवाओं के साथ, आप अपने डायबिटीज़ को उलट सकते हैं। यदि आपको लंबे समय से डायबिटीज़ है और आप दवा की उच्च खुराक पर हैं, तो आपका उद्देश्य केवल शुगर वाले खाद्य पदार्थों से बचना नहीं होना चाहिए। आपको उन खाद्य पदार्थों को खाने का लक्ष्य बनाना चाहिए जो आपके डायबिटीज़ की दवाओं की नकल करते हैं और बिना किसी दुष्प्रभाव के शरीर में समान प्रभाव डालते हैं। डायबिटीज़ की जटिलताओं की नियमित जांच से इन जटिलताओं के गंभीर होने से पहले इन्हें रोकने और उनका इलाज करने में मदद मिलती है।

नीचे डायबिटीज़ के बारे में कुछ खतरनाक तथ्य दिए गए हैं जिनके बारे में कोई भी बात नहीं करता है:

- अंतर्राष्ट्रीय डायबिटीज़ महासंघ के अनुसार, 2019 में डायबिटीज़ के कारण 4.2 मिलियन मौतें हुईं।
- आईडीएफ के अनुसार, 374 मिलियन लोगों को टाइप 2 डायबिटीज़ के विकास का खतरा है।
- डब्ल्यूएचओ के अनुसार, डायबिटीज़ गुर्दे की विफलता, दिल के दौरे, स्ट्रोक और अंधापन का एक प्रमुख कारण है।
- डब्ल्यूएचओ के अनुसार, 2016 में डायबिटीज़ मृत्यु का सातवां प्रमुख कारण था।

डायबिटीज़ को एक न्यू नॉर्मल के रूप में स्वीकार न करें, यह आम हो सकता है लेकिन सामान्य नहीं। आइए डायबिटीज़ को प्राकृतिक तरीकों से रोकें और नियंत्रित करें। लेकिन इसके लिए, सबसे पहले, आपको डायबिटीज़ के हर पहलू के बारे में पूरी जानकारी होनी चाहिए ताकि स्वास्थ्य पेशेवरों से थोड़ी मदद मिल सके (जो आपको हर उस कदम पर मार्गदर्शन कर सकें जहां आपको भ्रम होगा), आप दवाओं के बिना खुद को डायबिटीज़ होने से रोक सकते हैं और और अगर हो तो इसे नियंत्रित कर सकते हैं।

डायबिटीज़ क्या है?

डायबिटीज़ (मधुमेह) एक क्रोनिक बीमारी है, यह या तो तब होता है जब शरीर इंसुलिन का उत्पादन बिलकुल नहीं करता है या तब जब शरीर इंसुलिन का उत्पादन प्रभावी ढंग से नहीं करता है। इंसुलिन एक हार्मोन है जो शरीर को ऊर्जा के लिए शुगर (ग्लूकोज) का उपयोग करने में मदद करता है। रक्त में उच्च शुगर (ग्लूकोज) के स्तर के लिए चिकित्सा शब्द हाइपरग्लेसेमिया है। यह अनियंत्रित डायबिटीज़ का एक आम प्रभाव है। समय के साथ, हाइपरग्लेसेमिया शरीर के कई प्रणालियों, विशेष रूप से नर्व्स और रक्त वाहिकाओं को गंभीर नुकसान पहुंचाता है।

डायबिटीज़ के प्रकार:

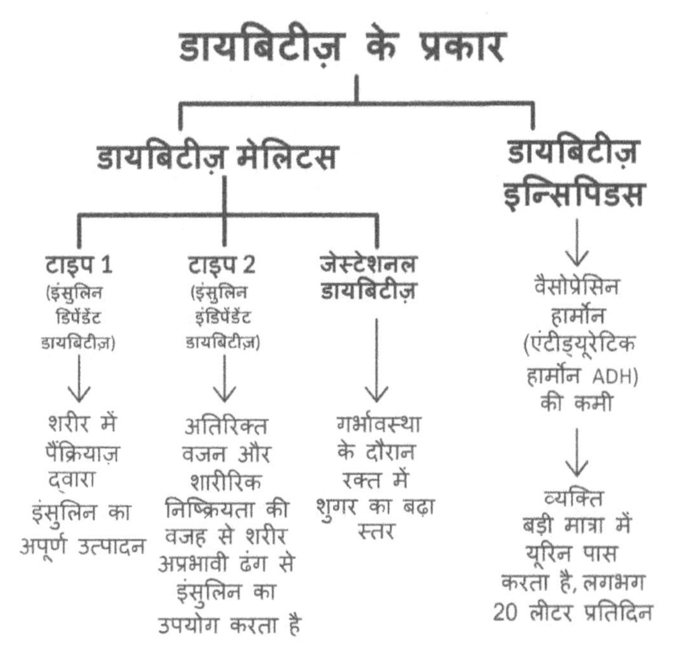

डायबिटीज़ इन्सिपिडस

डायबिटीज़ इन्सिपिडस वाले लोगों में रक्त में शुगर का स्तर सामान्य होता है। डायबिटीज़ मेलिटस और डायबिटीज़ इन्सिपिडस के बीच एकमात्र समानता अत्यधिक पेशाब है। डायबिटीज़ इन्सिपिडस तब होता है जब गुर्दे शरीर में तरल पदार्थ को संतुलित नहीं कर पाते हैं। यह पिट्यूटरी ग्रंथि में कुछ क्षति के कारण होता है, जो एंटी- डाइयुरेटिक्स हार्मोन (ADH) को रिलीज़ करता है, जिसे वैसोप्रेसिन भी कहा जाता है। एडीएच या वैसोप्रेसिन गुर्दे को शरीर में पानी बनाए रखने में सक्षम बनाता है। वैसोप्रेसिन की अनुपस्थिति में, गुर्दे बहुत अधिक पानी का उत्सर्जन करते हैं। यह

लगातार और अत्यधिक पेशाब का कारण बनता है और डिहाइड्रेशन का कारण बन सकता है।

डायबिटीज़ मेलिटस

डायबिटीज़ मेलिटस, या बस डायबिटीज़ , एक विकार है। डायबिटीज़ मे शरीर में अपनी आवश्यकताओं को पूरा करने के लिए पर्याप्त इंसुलिन नहीं होता है जिससे असामान्य रूप से रक्त में शुगर (ग्लूकोज) के स्तर बढ़ जाता है। यह या तो इसलिए होता है क्योंकि शरीर पर्याप्त इंसुलिन का उत्पादन नहीं करता है या क्योंकि इंसुलिन का उपयोग करने में शरीर अप्रभावी होता है। डायबिटीज़ में, पेशाब और प्यास बढ़ जाती है और नसों और छोटे रक्त वाहिकाओं को नुकसान पहुंचाती है जो स्वास्थ्य जटिलताओं का कारण बनती हैं, विशेष रूप से गुर्दे और आंखों में।

डायबिटीज़ में आपके शरीर में क्या होता है??

जब आप कार्बोहाइड्रेट युक्त भोजन खाते हैं, तो आपका शरीर उन्हें शुगर (ग्लूकोज) में तोड़ देता है और आपके रक्तप्रवाह में भेज देता है। ग्लूकोज में वृद्धि पैंक्रियाज़ को रक्तप्रवाह में इंसुलिन जारी करने के लिए ट्रिगर करती है। इंसुलिन मांसपेशियों, जिगर, और फैट कोशिकाओं को रक्त से ग्लूकोज में लेने का संकेत देता है। ये कोशिकाएं ग्लूकोज को ऊर्जा में परिवर्तित करती हैं या बाद में उपयोग के लिए संग्रहीत करती हैं। डायबिटीज़ मेलिटस में, आपका शरीर को इंसुलिन का उपयोग नहीं करता जैसा कि करना चाहिए, जिसके परिणामस्वरूप आपके रक्त में बहुत अधिक ग्लूकोज होता है।

टाइप 1 डायबिटीज़

(इंसुलिन पर निर्भर डायबिटीज़)

टाइप 1 डायबिटीज़ एक ऑटोइम्यून स्थिति है जिसमें पैंक्रियाज़ इंसुलिन का उत्पादन नहीं कर सकता है। आमतौर पर, इम्यून सिस्टम आपके शरीर को बैक्टीरिया और वायरस के हमले से बचाती है। एक ऑटोइम्यून स्थिति एक ऐसी स्थिति है जिसमें आपका इम्यून सिस्टम गलती से आपके शरीर की कोशिकाओं पर हमला करता है। टाइप 1 डायबिटीज़ में, इम्यून सिस्टम इंसुलिन का उत्पादन करने वाले पैंक्रियाज़ के बीटा कोशिकाओं को नष्ट कर देता है, जिससे पैंक्रियाज़ इंसुलिन का उत्पादन करने में असमर्थ होता है।

इंसुलिन एक हार्मोन है जो आपके रक्त में शुगर के स्तर को नियंत्रित करता है। इंसुलिन की अनुपस्थिति में आपका शरीर ऊर्जा के लिए ग्लूकोज का उपयोग या भंडारण नहीं कर सकता है। ग्लूकोज आपके रक्त में रहता है, और आपके रक्त में शुगर का स्तर बहुत अधिक हो जाता है (हाइपरग्लाइसेमिया)। लगातार उच्च ग्लूकोज के स्तर के परिणामस्वरूप डायबिटीज़ होता है और आपके गुर्दे, तंत्रिकाओं, आंखों और हृदय को प्रभावित करने वाली जटिलताएं हो सकती हैं। जिस व्यक्ति को टाइप 1 डायबिटीज़ होता है, उसे रक्त में शुगर को नियंत्रित करने के लिए दैनिक इंसुलिन इंजेक्शन की आवश्यकता होती है।

यह स्थिति आमतौर पर बच्चों और युवाओं में दिखाई देती है, इसलिए इसे किशोर डायबिटीज़ कहा जाता था।

टाइप 2 डायबिटीज़

(इंसुलिन-स्वतंत्र डायबिटीज़)

टाइप 2 डायबिटीज़ , डायबिटीज़ का सबसे आम रूप है जो मुख्य रूप से मोटापे और व्यायाम की कमी के कारण होता है। रक्त में उच्च शुगर (हाइपरग्लेसेमिया) और इंसुलिन रेजिस्टेंस इसकी विशेषता है।

इंसुलिन रेजिस्टेंस का मतलब है कि आपका पैंक्रियाज़ इंसुलिन को जारी कर रहा है जैसा कि इसे करना चाहिए, लेकिन आपकी मांसपेशियों, फैट और लिवर में कोशिकाएं ऊर्जा बनाने के लिए ग्लूकोज को रक्तप्रवाह से बाहर निकालने के लिए इंसुलिन द्वारा दिए गए संकेत का विरोध करना शुरू कर देती हैं। इससे आपके रक्त में बहुत अधिक ग्लूकोज होता है, जिसे प्रीडायबिटीज़ के रूप में जाना जाता है।

प्रीडायबिटीज़ वाले व्यक्ति में, पैंक्रियाज़ शरीर के रेजिस्टेंस को दूर करने और रक्त में शुगर के स्तर को नीचे रखने के लिए पर्याप्त इंसुलिन जारी करने के लिए तेजी से मेहनत करता है। समय के साथ, पैंक्रियाज़ की इंसुलिन छोड़ने की क्षमता कम होने लगती है, जिससे टाइप 2 डायबिटीज़ का विकास होता है।

इंसुलिन रेजिस्टेंस का कारण

इंसुलिन रेजिस्टेंस के पीछे ड्राइविंग बल शरीर का अतिरिक्त वजन, पेट क्षेत्र में बहुत अधिक फैट और एक गतिहीन जीवनशैली है, जबकि आनुवांशिकी और उम्र बढ़ने से इंसुलिन संवेदनशीलता विकसित करने में भूमिकाएं होती हैं।

जेस्टेशनल डायबिटीज़

जेस्टेशनल डायबिटीज़ एक ऐसी स्थिति है जिसमें गर्भावस्था के दौरान आपके रक्त में शुगर का स्तर ऊंचा हो जाता है। गर्भावस्था के दौरान शरीर विभिन्न परिवर्तनों से गुजरता है, जैसे वजन बढ़ना और हार्मोन में बदलाव, जो शरीर की कोशिकाओं की इंसुलिन के प्रति प्रभावी ढंग से प्रतिक्रिया करने की क्षमता को प्रभावित करता है। अधिकांश समय पैंक्रियाज़ इंसुलिन रेजिस्टेंस को दूर करने के लिए पर्याप्त इंसुलिन का उत्पादन कर सकता है, लेकिन कुछ गर्भवती महिलाएं पर्याप्त इंसुलिन का उत्पादन नहीं कर कर पाती हैं और उनमे जेस्टेशनल डायबिटीज़ (गर्भावधि डायबिटीज़) का विकास होता है। ज्यादातर, प्रसव के तुरंत बाद जेस्टेशनल डायबिटीज़ दूर हो जाता है। जिनमें महिलाएं गर्भावस्था के दौरान जेस्टेशनल डायबिटीज़ का विकास होता है, उन्हें बाद में जीवन में टाइप 2 डायबिटीज़ विकसित होने का अधिक खतरा होता है।

यहाँ डायबिटीज़ मेलिटस के बारे में सब कुछ है जिसे आपको इसे रोकने और नियंत्रित करने के लिए जानने की आवश्यकता है:

डायबिटीज़ के लक्षण

अत्यधिक पेशाब (पॉल्यूरिया): अतिरिक्त ग्लूकोज से छुटकारा पाने के लिए किडनी सामान्य से अधिक पेशाब बनाती है। सामान्य व्यक्ति का यूरिन उत्पादन 1 से 2 लीटर होता है जबकि डाईबेटिस व्यक्ति का दैनिक यूरिन उत्पादन प्रति दिन 3 लीटर से अधिक हो सकता है।

अत्यधिक प्यास (पॉलीडिप्सिया): क्योंकि बहुत अधिक ग्लूकोज गुर्दे को सामान्य से ज्यादा काम करने के लिए मजबूर करता है। गुर्दे

आपके शरीर से अतिरिक्त ग्लूकोज को पारित करने में के लिए अधिक यूरिन बनाने के लिए टिश्यूज़ से पानी खींचते हैं, जो आपको डिहाइड्रेट बनाता है। जिससे आमतौर पर आपको बहुत प्यास लगती है।

थकान: क्योंकि शरीर की कोशिकाओं को ऊर्जा बनाने के लिए पर्याप्त ग्लूकोज नहीं मिलता है।

वजन कम होना (टाइप I डायबिटीज़ में): अत्यधिक पेशाब के कारण होने वाले डिहाइड्रेशन के कारण और शुगर से मिलने वाली कैलोरी का नुकसान के कारण (जो कि ऊर्जा के लिए उपयोग नहीं किया जा सकता है) वजन कम होता है।

लगातार भूख लगना: क्योंकि शरीर आपके द्वारा खाए गए भोजन को ऊर्जा में परिवर्तित नहीं कर पाता है।

धुंधली दृष्टि: क्योंकि रक्त में उच्च शुगर के कारण शरीर का पानी आंख के अंदर के लेंस में खिंच जाता है, जिससे सूजन हो जाती है।

डायबिटीज़ खतरनाक क्यों है?

अनियंत्रित डायबिटीज़ संभावित स्वास्थ्य जटिलताओं को जन्म दे सकता है, जिसमें शामिल हैं:

रेटिनोपैथी (आंखों को नुकसान): रक्त में उच्च शुगर का स्तर रेटिना की छोटी रक्त वाहिकाओं को कमजोर और नुकसान पहुंचा सकता है, जिससे दृश्य गड़बड़ी हो सकती है और अंधापन भी हो सकता है।

न्यूरोपैथी (तंत्रिका क्षति): लगातार रक्त में उच्च शुगर नसों को नुकसान पहुंचा सकता है जिससे आमतौर पर सुन्नता, कमजोरी,

झुनझुनी और जलन या दर्द होता है, विशेषकर पर हाथ और पैर (डायबिटीज़ लेग) में।

नेफ्रोपैथी (गुर्दे की क्षति): समय के साथ, डायबिटीज़ किडनी में छोटी रक्त वाहिकाओं को नुकसान पहुंचा सकता है, जिससे किडनी की विफलता हो सकती है, और व्यक्ति को डायलिसिस या किडनी ट्रांसप्लांट की आवश्यकता हो सकती है।

केटोएसिडोसिस (ज्यादातर टाइप 1 डायबिटीज़ में): जब ग्लूकोज को ऊर्जा में बदलने के लिए शरीर में पर्याप्त इंसुलिन नहीं होता है, तो आपका शरीर ऊर्जा के लिए फैट को तोड़ना शुरू कर देता है। यह प्रक्रिया शरीर में खतरनाक स्तर तक केटोन्स नामक एसिडिक पदार्थों का निर्माण करती है, जो अंततः कीटोएसिडोसिस की ओर ले जाती है।

हृदय रोग: समय के साथ, रक्त में उच्च शुगर का स्तर रक्त वाहिकाओं को नुकसान पहुंचा सकता है जो हृदय समारोह को बनाए रखते हैं, जिससे वे कठोर और कठोर हो जाते हैं। एक उच्च फैट वाला आहार इन रक्त वाहिकाओं के अंदर फैट और कोलेस्ट्रॉल के निर्माण का कारण बन सकता है, जो रक्त के प्रवाह को प्रतिबंधित कर सकता है। इस स्थिति को एथेरोस्क्लेरोसिस के रूप में जाना जाता है। एथेरोस्क्लेरोसिस की स्थिति हृदय की मांसपेशियों (जो एनजाइना का कारण बनती है) और मस्तिष्क (जो स्ट्रोक का कारण बनती है) से रक्त के प्रवाह को कम कर सकती है या हृदय की मांसपेशियों को नुकसान पहुंचा सकती है, जिसके परिणामस्वरूप दिल का दौरा पड़ सकता है।

डायबिटीज़ : रोकथाम और नियंत्रण

डायबिटीज़ की स्थिति को प्रभावी रूप से प्रबंधित किया जा सकता है:

- आहार
- दवाई
- व्यायाम

आगे जाने से पहले, डायबिटीज़ से जुड़े कुछ शब्दों को स्पष्ट करते हैं:

ग्लाइसेमिक सूची

आपने कम ग्लाइसेमिक खाद्य पदार्थों और उच्च ग्लाइसेमिक खाद्य पदार्थों के बारे में सुना होगा, लेकिन वास्तव में ग्लाइसेमिक इंडेक्स क्या है?

ग्लाइसेमिक इंडेक्स आपको अच्छे कार्बोहाइड्रेट और डायबिटीज़ के लिए बुरे कार्बोहाइड्रेट के बीच अंतर करने में मदद करता है। सभी कार्बोहाइड्रेट समान नहीं होते हैं। जटिल कार्बोहाइड्रेट जैसे कार्बोहाइड्रेट को ग्लूकोज में टूटने में अधिक समय लगता है और धीरे-धीरे अवशोषित और मेटाबॉलिज्म होता है जिससे रक्त में शुगर में धीमी वृद्धि होती है। इस प्रकार के कार्बोहाइड्रेट आपको शुगर के स्तर में अचानक वृद्धि नहीं देते हैं और अच्छे कार्बोहाइड्रेट के रूप में माना जाता है। इन्हें कम-ग्लाइसेमिक खाद्य पदार्थों के रूप में वर्गीकृत किया जाता है, ये अच्छे ग्लूकोज नियंत्रण को बनाए रखने में मदद करते हैं। जिन खाद्य पदार्थों में ग्लाइसेमिक मूल्य 55 या उससे कम होता है वे डायबिटीज़ के लिए अच्छे होते हैं - उदाहरण के लिए, साबुत अनाज और बीन्स।

चीनी जैसे सरल कार्बोहाइड्रेट, और उच्च प्रसंस्कृत और परिष्कृत कार्बोहाइड्रेट जैसे पेस्ट्री, और केक को उच्च ग्लाइसेमिक खाद्य पदार्थ माना जाता है। वे तेजी से ग्लूकोज में टूट जाते हैं और जल्दी से अवशोषित हो जाते हैं, जिससे रक्त में शुगर में तेजी से वृद्धि होती है। ब्लड शुगर में बार-बार होने वाले स्पाइक्स से टाइप 2 डायबिटीज़ का खतरा बढ़ जाता है।

हाइपोग्लाइसीमिया

हाइपोग्लाइसीमिया की स्थिति अक्सर डायबिटीज़ के उपचार के कारण होती है। हाइपोग्लाइसीमिया हाइपरग्लाइसीमिया के विपरीत है। यह एक ऐसी स्थिति है जिसमें आपका रक्त में शुगर का स्तर सामान्य से कम है। कुछ डायबिटीज़ की दवाएं या बहुत अधिक इंसुलिन आपके रक्त में शुगर के स्तर को बहुत कम कर सकती हैं। यह एक प्रतिवर्ती स्थिति है और फलों के रस या शहद जैसे उच्च-चीनी खाद्य पदार्थों का सेवन करके इसका इलाज किया जा सकता है। यदि आप डायबिटीज़ की दवा पर हैं, तो आपको हाइपोग्लाइसीमिया के लक्षणों पर ध्यान देना चाहिए, जिसमें भ्रम, शकर और चक्कर आना शामिल हैं। यदि अनुपचारित छोड़ दिया जाता है, तो हाइपोग्लाइसीमिया खराब हो सकता है और यहां तक कि दौरे, कोमा और मृत्यु भी हो सकती है। हमेशा हाइपोग्लाइसीमिया का अनुभव होने पर ग्लूकोज की गोलियां अपने साथ रखें।

डायबिटीज़ में दवा की भूमिका

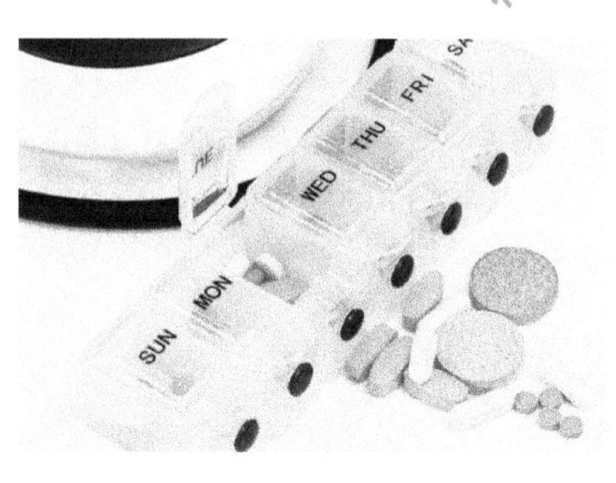

डायबिटीज़ की दवाएं कैसे काम करती हैं?

डायबिटीज़ में आपकी सबसे आम और पहली पसंद दवा मेटफॉर्मिन पैंक्रियाज़ में बीटा कोशिकाओं द्वारा इंसुलिन स्राव को उत्तेजित नहीं करती है; इसके बजाय, यह आपके टिश्यूज़ की रक्त से ग्लूकोज को बाहर निकालने और ऊर्जा में, विशेष रूप से मांसपेशियों में परिवर्तित करने की क्षमता को बढ़ाता है। इसके अतिरिक्त, यह लिवर द्वारा ग्लूकोज के उत्पादन को कम करता है। यह पसंद की दवा है क्योंकि यह वजन बढ़ाने और हाइपोग्लाइसीमिया का कारण नहीं बनता है। मेटफॉर्मिन का सामान्य दुष्प्रभाव दस्त है। दस्त के कारण अपनी दवा लेना बंद न करें; इसके बजाय, डायरिया से बचाव के लिए दही, बीन्स, एक सेब या एक केला (एक दिन में एक से अधिक केला नहीं) खाएं। दस्त के कारण होने वाले डिहाइड्रेशन को रोकने के लिए पर्याप्त मात्रा में पानी पीना सुनिश्चित करें।

दवाओं का एक अन्य वर्ग (सल्फोनीलुरेस), पैंक्रियाज़ में बीटा कोशिकाओं द्वारा इंसुलिन स्राव को बढ़ाकर रक्त में उच्च शुगर को कम करता है। इसके अतिरिक्त, यह इंसुलिन के प्रति कोशिकाओं की संवेदनशीलता को बढ़ाता है, जो रक्तप्रवाह से ग्लूकोज को बाहर

निकालने के लिए शरीर की कोशिकाओं की कार्यक्षमता को बढ़ाता है। यह लिवर में इंसुलिन की गिरावट को कम करके रक्त में इंसुलिन की उपलब्धता को भी बढ़ाता है। दवाओं के इस वर्ग के दुष्प्रभाव वजन में वृद्धि और हाइपोग्लाइसीमिया हैं। अपने हाइपोग्लाइसीमिया के लक्षणों पर नज़र रखना बहुत महत्वपूर्ण है, जिसमें शकर, पसीना, चक्कर आना, भ्रम, चिड़चिड़ापन और चेतना की हानि शामिल है। गंभीर हाइपोग्लाइसीमिया संभावित रूप से कोमा में ले जा सकता है। ग्लूकोज की गोलियां लें (कुल 15 ग्राम या सटीक मात्रा के लिए अपने डॉक्टर से पूछें) या ग्लूकोज में उच्च खाद्य पदार्थ जैसे शहद या चीनी का एक चम्मच या 3-4 किशमिश तुरंत हाइपोग्लाइसीमिया का इलाज करने के लिए। यदि आप हाइपोग्लाइसीमिया का अनुभव करते हैं, तो अपनी दवाओं की खुराक को समायोजित करने के लिए अपने डॉक्टर से पूछें।

डायबिटीज़ में व्यायाम की भूमिका

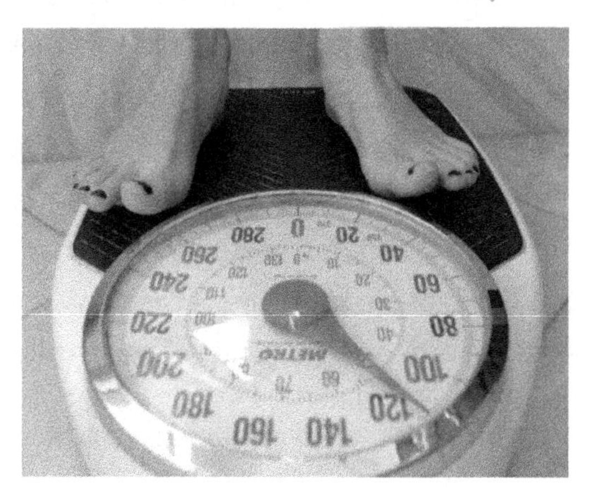

मोटापा और डायबिटीज़ का संबंध

मोटापा टाइप 2 डायबिटीज़ का एक सामान्य कारण है। बस वजन कम करके, आप डायबिटीज़ की शुरुआत को रोक सकते हैं। यदि आप प्रीडायबिटीज़ अवस्था में हैं, तो आप वजन कम करके, और अपने आहार में हाइपोग्लाइसेमिक और वजन कम करने वाले अनुकूल खाद्य पदार्थों को शामिल करके भी डायबिटीज़ को पलट सकते हैं।

अतिरिक्त फैट इंसुलिन रेजिस्टेंस में योगदान करती है। ऐसा इसलिए है क्योंकि जब आपकी फैट कोशिकाएं जो अतिरिक्त फैट जमा करती हैं, वे बहुत बड़ी हो जाती हैं, तो वे फैट का भंडारण करना बंद कर देती हैं। अतिरिक्त फैट मांसपेशियों, लिवर और पैंक्रियाज़ में संग्रहीत करना शुरू कर देता है, जिससे ये अंग इंसुलिन के लिए प्रतिरोधी हो जाते हैं, और वे ग्लूकोज लेने के लिए इंसुलिन द्वारा दिए गए संकेत का जवाब देना बंद कर देते हैं। इसके अलावा, फैट कोशिकाएं एडिपोनेक्टिन के स्राव को कम करती हैं, एडिपोनेक्टिन एक प्रोटीन हार्मोन है जो फैट के टूटने में मदद करता है। सरल शब्दों में, एडिपोनेक्टिन आपका फैट जलाने वाला हार्मोन है। उच्च एडिपोनेक्टिन का स्तर आपको इंसुलिन रेजिस्टेंस, डायबिटीज़ और हृदय रोग से बचा सकता है। जितना अधिक आप अपना वजन कम करते हैं, आपके एडिपोनेक्टिन का स्तर उतना अधिक होता है।

डायबिटीज़ की शुरुआत को कैसे रोका जा सकता है?

टाइप 2 डायबिटीज़ में, एक निरंतर अवधि में इंसुलिन का उत्पादन कम हो जाता है, और टाइप 1 डायबिटीज़ की तुलना में यह प्रक्रिया धीमी होती है। यह संभव है कि एक सख्त

आहार और व्यायाम शासन, वजन घटाने के लिए अग्रणी, और डायबिटीज़ की शुरुआत को रोक या पलट सकता है। बीटा कोशिकाओं के कार्य बिगड़ने से पहले डायबिटीज़ की स्थिति का निदान करना महत्वपूर्ण है।

40 वर्ष की आयु के बाद, आपको रक्त में उच्च शुगर के स्तर के शुरुआती निदान के लिए हर साल अपने शुगर के स्तर का परीक्षण करवाना चाहिए। यदि आप अधिक वजन वाले हैं, तो वजन कम करना आपका पहला और सबसे महत्वपूर्ण कदम होना चाहिए। यह न केवल आपको डायबिटीज़ से बचाएगा बल्कि आपको कई बीमारियों से बचा सकता है। आपको थोड़े समय में वजन कम करने की आवश्यकता नहीं है। मध्यम व्यायाम से शुरू करें, जल्द ही आपके शरीर को आपके नए व्यायाम शासन की आदत हो जाएगी। यह आपका अल्पकालिक लक्ष्य नहीं बल्कि एक नई जीवनशैली होनी चाहिए।

इंसुलिन रेजिस्टेंस को रोकने के लिए आदर्श वजन लक्ष्य

बॉडी मास इंडेक्स: 25 kg/m^2

कमर की परिधि: 100 cm से कम

डायबिटीज़ में डाइट की भूमिका

एक स्वस्थ आहार डायबिटीज़ को रोकने और प्रबंधित करने में महत्वपूर्ण भूमिका निभाता है। डायबिटीज़ को रोकना केवल उन खाद्य पदार्थों के सेवन से बचने के बारे में नहीं है जो आपके रक्त में शुगर के स्तर को बढ़ा सकते हैं, यह सही खाद्य पदार्थों को चुनने के बारे में भी है जो कुदरती रूप से

डायबिटीज़ को रोकते हैं। डायबिटीज़ को प्रबंधित में संतुलन और कम मात्रा में खाना बहुत महत्वपूर्ण भूमिका निभाता है। आप डायबिटीज़ में भी अपने पसंदीदा खाद्य पदार्थ खा सकते हैं, लेकिन आपको उन्हें कम बार खाने या कम मात्रा में खाने की आवश्यकता होती है।

डायबिटीज़ होने से रोकने और इसे नियंत्रित करने के लिए:

- शुगर से युक्त खाद्य पदार्थों के सेवन से बचें जो सीधे आपके रक्त में शुगर के स्तर को बढ़ाते हैं।
- रिफाइंड कार्बोहाइड्रेट का सेवन न करें जो जल्दी से ग्लूकोज में टूट जाते हैं और आपके रक्त में शुगर के स्तर को बढ़ाते हैं।
- उन खाद्य पदार्थों के सेवन से बचें जो शरीर में इंसुलिन रेसिस्टेन्स के जोखिम को बढ़ाते हैं।
- शरीर में कोलेस्ट्रॉल बढ़ाने वाले खाद्य पदार्थों का सेवन न करें।
- ऐसे जीवनशैली विकल्पों से बचें जो डायबिटीज़ के विकास के जोखिम को बढ़ाते हैं।
- उन खाद्य पदार्थों से बचें जो डायबिटीज़ जटिलताओं को विकसित करने के जोखिम को बढ़ाते हैं।

अब जब आप जानते हैं कि आपको किस प्रकार के खाद्य पदार्थों का सेवन नहीं करना चाहिए, तो आइए अगले अध्याय में देखें, वें कौन से शीर्ष 10 खाद्य पदार्थ और जीवनशैली विकल्प हैं जिनसे आपको डायबिटीज़ होने से रोकने और इसे नियंत्रित करने के लिए बचना चाहिए।

2

10 खाद्य पदार्थ जो आपके डायबिटीज़ के खतरे को बढ़ाते हैं

10 खाद्य पदार्थ जो आपके डायबिटीज़ के खतरे को बढ़ाते हैं

नीचे ऐसे 10 खाद्य पदार्थ दिए गए हैं जो आपके डायबिटीज़ जोखिम को बढ़ा सकते हैं:

1. सैचुरेटेड फैट्स

सैचुरेटेड फैट अनसैचुरेटेड फैट से अधिक टाइप 2 डायबिटीज़ का खतरा बढ़ाती है। खाद्य पदार्थ जो मक्खन, पनीर, क्रीम

जैसे सैचुरेटेड फैट में उच्च होते हैं, और केक और बिस्कुट जैसे प्रोसेस्ड खाद्य पदार्थ एलडीएल-कोलेस्ट्रॉल के उच्च स्तर का कारण बन सकते हैं, जिससे डायबिटीज़ वाले लोगों में हृदय रोग का खतरा बढ़ जाता है। एलडीएल-कोलेस्ट्रॉल लिवर से कोशिकाओं में स्थानांतरित होता है, और मांसपेशियों की कोशिकाओं के अंदर फैट का निर्माण ग्लूकोज के लिए इंसुलिन की प्रतिक्रिया को कम करता है और रक्त में शुगर के स्तर को बढ़ाता है, जिससे डायबिटीज़ का खतरा बढ़ जाता है। मक्खन, नारियल तेल और पनीर जैसे खाद्य पदार्थों में सैचुरेटेड फैट की उच्च मात्रा होती है।

2. स्टार्चयुक्त खाद्य पदार्थ

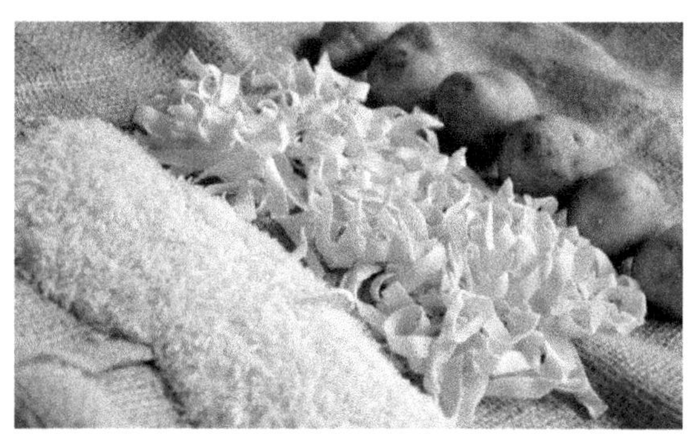

सफेद चावल, उबले आलू और पास्ता जैसे स्टार्चयुक्त खाद्य पदार्थ ग्लाइसेमिक इंडेक्स में उच्च होते हैं। ये खाद्य पदार्थ जल्दी पचते और अवशोषित होते हैं, जिससे रक्त में शुगर के स्तर में तेजी से वृद्धि होती है। उनके प्रभाव को कम करने का सबसे अच्छा तरीका उन्हें स्वस्थ विकल्पों के साथ बदलना है, जो फाइबर प्रदान करते हैं जो उनकी तुलना में ग्लाइसेमिक सूचकांक में कम है। आप सफेद चावल को भूरे चावल, उबले सफेद आलू को मीठे आलू, और सफेद पास्ता को व्होल वीट पास्ता या ड्यूरम वीट पास्ता में बदल सकते हैं। भले ही ये स्वस्थ विकल्प फाइबर प्रदान करते हैं, आपको उन्हें मॉडरेशन में खाना चाहिए।

3. डिब्बा बंद फ्रूट जूस

पैक किए गए फलों के रस फ्रुक्टोज में उच्च और फाइबर में कम होते हैं। यह रक्त में शुगर में अचानक स्पाइक देता है और ताजा निचोड़ा हुआ रस की तुलना में कम पौष्टिक होता है। दुर्भाग्य से, यहां तक कि बाजार में स्वास्थ्यप्रद पैक्ड फलों का रस इंसुलिन रेजिस्टेंस को बढ़ा सकता है और डायबिटीज़ के विकास के आपके जोखिम को बढ़ा सकता है। वास्तव में, न

केवल डिब्बाबंद फलों का रस, यहां तक कि ताजे फलों की तुलना में ताजे फलों का रस भी स्वस्थ नहीं है। फिल्टर करते समय अधिकांश फाइबर, विटामिन, और एंटी-ऑक्सीडेंट निकाल दिए जाते हैं। तो, फलों के रस के बजाय पूरे ताजे फल खाने खाना सबसे अच्छा है।

4. हाइड्रोजनेटेड ऑयल्स

हाइड्रोजनीकृत तेल मुख्य रूप से मूंगफली का मक्खन, फ्रेंच फ्राइज़, मार्जरीन, रेडी-टू-यूज़ आटा और रेडीमेड बेक्ड खाद्य पदार्थों जैसे डिब्बाबंद खाद्य पदार्थों में मौजूद होते हैं। हाइड्रोजनीकृत तेल कुछ नहीं बल्कि स्वस्थ वनस्पति तेल हैं जो खाद्य उद्योग द्वारा अस्वस्थ रूप में परिवर्तित किये जाते हैं। वनस्पति तेल कमरे के तापमान पर तरल होते हैं, खाद्य निर्माता रासायनिक तेलों की संरचना को रासायनिक रूप से बदल देते हैं और उन्हें हाइड्रोजन में जोड़कर ठोस या फैलने योग्य रूप में बदल देते हैं। नतीजतन, ट्रांस फैट का गठन होता है। ट्रांस फैट सेल के कार्यों को प्रभावित करके इंसुलिन रेजिस्टेंस को बढ़ाते हैं और टाइप 2 डायबिटीज़ के विकास के आपके जोखिम को बढ़ाते हैं। वे हृदय रोग के लिए एक प्रमुख योगदानकर्ता हैं क्योंकि वे अत्यधिक भड़काऊ हैं और आपके

एचडीएल-कोलेस्ट्रॉल (अच्छा) को कम करते हुए आपके एलडीएल-कोलेस्ट्रॉल (खराब) को बढ़ा सकते हैं।

5. तम्बाकू

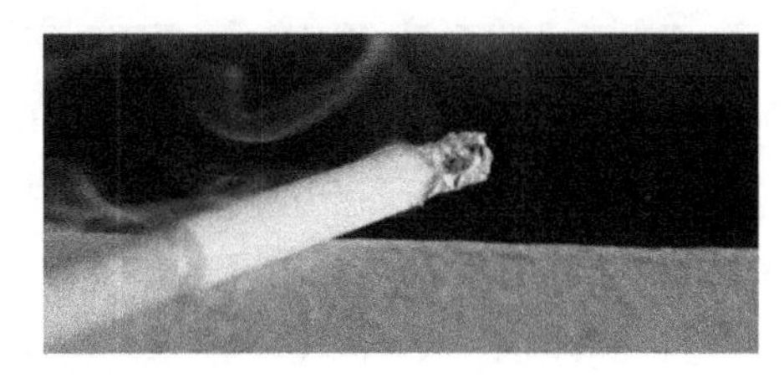

आपके शरीर में ग्लूकोज के उपयोग के तरीके में बदलाव करके तम्बाकू का उपयोग आपके ग्लूकोज के स्तर में उतार-चढ़ाव कर सकता है। तंबाकू में निकोटीन नामक एक नशीला रसायन होता है जो इंसुलिन रेजिस्टेंस को बढ़ाता है, जिससे टाइप 2 डायबिटीज़ हो सकता है। तंबाकू कोर्टिसोल नामक एक स्टेरॉयड हार्मोन के स्राव को उत्तेजित करता है, जो लिवर द्वारा ग्लूकोज का उत्पादन बढ़ाता है और फैट और मांसपेशियों की कोशिकाओं को इंसुलिन की कार्रवाई के लिए प्रतिरोधी बनाता है। जितना अधिक आप धूम्रपान करते हैं, डायबिटीज़ बढ़ने का आपका जोखिम उतना अधिक होता है। धूम्रपान न करने वाले लोगों की तुलना में धूम्रपान करने वालों को डायबिटीज़ होने का खतरा लगभग दोगुना है।

6. शराब

अधिक शराब के सेवन से आपके टाइप 2 डायबिटीज़ का खतरा बढ़ जाता है। शराब में बहुत अधिक कैलोरी होती है, जो आपको मोटा बना सकती है। मोटापा इंसुलिन रेजिस्टेंस को बढ़ाता है, जिससे डायबिटीज़ हो सकता है या आपकी डायबिटीज़ की स्थिति खराब हो सकती है। शराब पीने का एक और नुकसान यह है कि यह आपकी कुछ निर्धारित एंटी-डायबिटिक दवाओं जैसे सल्फोनीलुरिया के साथ एक सहक्रियात्मक प्रभाव पैदा करता है, जो हाइपोग्लाइसीमिया का कारण बनता है। आमतौर पर, लिवर रक्त में शुगर के स्तर को कम करने, सामान्य रक्त में शुगर को बनाए रखने और हाइपोग्लाइसीमिया को रोकने के लिए संग्रहित ग्लूकोज को छोड़ देता है। लेकिन जब आप शराब पीते हैं, तो यह लिवर के काम करने के तरीके में हस्तक्षेप करता है और लिवर की रक्त में शुगर के स्तर को ठीक करने की क्षमता को कम करता है। इसके परिणामस्वरूप हाइपोग्लाइसीमिया होता है।

7. सोडा

सोडा और चीनी से भरपूर मीठे पेय आपके डायबिटीज़ के खतरे को बढ़ा सकते हैं, और यदि आपको पहले से ही डायबिटीज़ है, तो आपको इनसे पूरी तरह बचना चाहिए। इन

पेय की उच्च चीनी सामग्री रक्त में शुगर के स्तर में तेजी से वृद्धि का कारण बनती है। इन शुगर वाले पेय में बहुत अधिक कैलोरी होती है, जो आपको मोटा बना सकती है। शरीर का अतिरिक्त वजन आपकी मांसपेशियों, लिवर और शरीर में फैट की कोशिकाओं को रक्तप्रवाह से ग्लूकोज को हथियाने के इंसुलिन के संकेतों के लिए प्रतिरोधी बनाता है। आपके रक्त में उच्च शुगर का स्तर आपके पैंक्रियाज़ को शरीर के रेजिस्टेंस को दूर करने और रक्त में शुगर के स्तर को सामान्य बनाए रखने के लिए अधिक से अधिक इंसुलिन जारी करने के लिए बनाता है। समय के साथ, यह पैंक्रियाज़ की पर्याप्त इंसुलिन बनाने की क्षमता को प्रभावित करता है, और आपका रक्त में शुगर बढ़ना शुरू हो जाता है, और आप डायबिटीज़ का विकास करते हैं।

8. फुल फैट डेरी

फैट वाले दूध और दूध उत्पाद रक्त में कोलेस्ट्रॉल के स्तर को बढ़ा सकते हैं और हृदय रोग का अधिक खतरा पैदा कर सकते हैं। उच्च फैट इंसुलिन रेजिस्टेंस का कारण भी बन सकती है।

फैट वाले दूध, मक्खन, फैट वाले दही, फैट वाले आइसक्रीम, और पनीर खाने से बचें। यहां तक कि स्किम्ड दूध में कार्बोहाइड्रेट होते हैं और यह आपके रक्त में शुगर के स्तर को प्रभावित कर सकता है, लेकिन आपको दूध से पूरी तरह से नहीं छोड़ना चाहिए क्योंकि इसमें पोषक तत्व होते हैं, जो आपके शरीर के ठीक से काम करने के लिए आवश्यक हैं। दूध की तुलना में अपने आहार से अन्य उच्च कैलोरी और शुगर वाले खाद्य स्रोतों को निकालना बेहतर है।

9. नमक

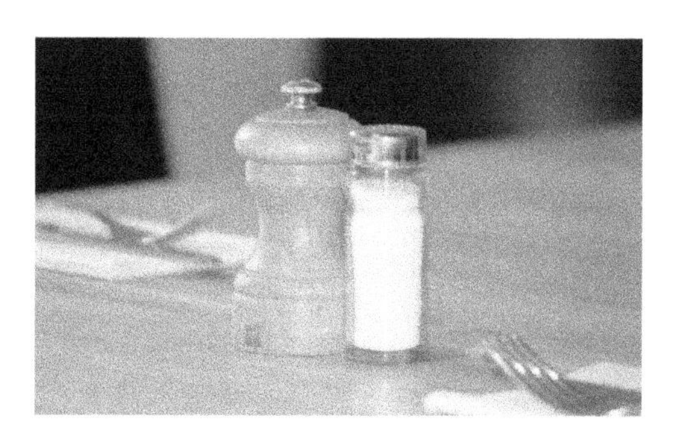

डायबिटीज़ में सामान्य रक्तचाप को बनाए रखना महत्वपूर्ण है। नमक सीधे रक्त में शुगर के स्तर को प्रभावित नहीं करता है, लेकिन आपको डायबिटीज़ के प्रबंधन के लिए अपने नमक की खपत को सीमित करना चाहिए। बहुत अधिक नमक आपके रक्तचाप को बढ़ा सकता है। डायबिटीज़ के साथ उच्च रक्तचाप से हृदय रोग का खतरा बढ़ जाता है। आपको अपना रक्तचाप 130/80 mm Hg से कम रखना चाहिए। डायबिटीज़ को रोकने और नियंत्रित करने के लिए आपको अपनी नमक की खपत को प्रति दिन 5g या एक चम्मच तक सीमित करना चाहिए।

10. कुछ दवाएं

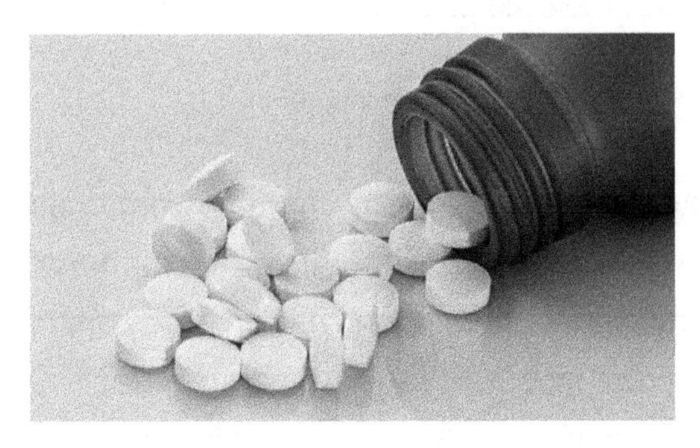

कुछ दवाओं जैसे कॉर्टिकोस्टेरॉइड्स और दर्द से राहत देने वाली नॉन-स्टेरायडल एंटी-इंफ्लेमेटरी ड्रग्स (एनएसएआईडी) (NSAIDs) का डायबिटीज़ में विरोधाभास है। कॉर्टिकोस्टेरॉइड रक्त में शुगर के स्तर को बढ़ा सकते हैं और इंसुलिन की ओर कोशिकाओं की संवेदनशीलता को कम करके इंसुलिन रेजिस्टेंस का कारण बन सकते हैं। कॉर्टिकोस्टेरॉइड्स डायबिटीज़ की स्थिति को खराब कर सकते हैं; यही कारण है कि डायबिटीज़ वाले लोगों के साथ-साथ प्री-डायबिटीज़ वाले व्यक्तियों को उनसे बचना चाहिए।

डायबिटीज़ वाले लोग जो सल्फोनीलुरेस ड्रग्स प्राप्त कर रहे हैं, उन्हें इबुप्रोफेन जैसे दर्द निवारक नॉन-स्टेरायडल एंटी-इंफ्लेमेटरी दवाओं (एनएसएआईडी) की उच्च खुराक लेने से बचना चाहिए। सल्फोनीलुरिया के दुष्प्रभावों में से एक हाइपोग्लाइसीमिया है, इसका मतलब है कि यह सामान्य सीमा से कम रक्त में शुगर के स्तर को कम करता है। एनएसएआईडी बीटा कोशिकाओं के आयन चैनल कार्यों को प्रभावित करते हैं जो इंसुलिन का स्राव करते हैं। जब आप

एनएसएआईडी को सल्फोनील्लुरेस के साथ लेते हैं, तो यह हाइपोग्लाइसीमिया को प्रेरित करता है।

निष्कर्ष

डायबिटीज़ से बचने के लिए ये ऐसे खाद्य पदार्थ और जीवनशैली के विकल्प थे जिन्हे आपको सीमित करना चाहिए या जिनकी खपत आपको कम से कम करनी चाहिए, लेकिन जैसा कि मैंने पहले कहा था, सिर्फ हानिकारक खाद्य पदार्थों से बचना ही डायबिटीज़ के प्रबंधन के लिए पर्याप्त नहीं है। आपको सही पोषण तत्त्व खाना चाहिए। वास्तव में, ऐसे खाद्य पदार्थ का सेवन जो कुदरती रूप से डायबिटीज़ रोकते हैं और यहां तक कि आपके डायबिटीज़ का इलाज करते हैं, केवल हानिकारक खाद्य पदार्थों से बचने की तुलना में अधिक महत्वपूर्ण है। डायबिटीज़ के अनुकूल खाद्य पदार्थ न केवल रक्त में शुगर के स्तर को नियंत्रित करने में मदद कर सकते हैं, बल्कि उनमें से कुछ बीटा कोशिकाओं की मरम्मत भी कर सकते हैं और आपकी इंसुलिन संवेदनशीलता को बढ़ा सकते हैं। इन खाद्य पदार्थों के नियमित सेवन से, आपका शरीर कुदरती रूप से डायबिटीज़ के खिलाफ एक रक्षा प्रणाली बनाता है, और आप दवाओं के बिना या अपनी दवाओं की कम खुराक के साथ डायबिटीज़ को नियंत्रित कर पाते हैं।

अब देखते हैं कि कौन से शीर्ष 10 सर्वश्रेष्ठ खाद्य पदार्थ हैं जो आपको बिना दवाओं के डायबिटीज़ को रोकने और नियंत्रित करने में मदद कर सकते हैं।

3

डायबिटीज़ से बचाव और नियंत्रण के लिए 10 सर्वश्रेष्ठ खाद्य पदार्थ

डायबिटीज़ से बचाव और नियंत्रण के लिए 10 महत्वपूर्ण फूड्स

नीचे डायबिटीज़ से बचाव और नियंत्रण के लिए 10 महत्वपूर्ण खाद्य पदार्थ दिए हैं:

1. करेला

करेला में ऐसे यौगिक होते हैं जो शरीर में रक्त में शुगर और फैट के स्तर को कम करने में मदद करते हैं। डायबिटीज़ वाले लोगों के लिए करेला का जूस एक उत्कृष्ट पेय है। वास्तव में, यह शरीर में

ग्लूकोज के स्तर को नियंत्रित करने के लिए कुछ दूसरी दवाओं की तुलना में अधिक प्रभावी है। यह रक्त में शुगर के स्तर को कम करने के लिए विभिन्न तंत्रों के माध्यम से काम करता है। यह कार्बोहाइड्रेट को मेटाबॉलिज्म करने वाले एंजाइमों को बाधित करके कार्बोहाइड्रेट को ग्लूकोज में टूटने को सीमित करता है। इसके अलावा, करेला टिश्यूज़ द्वारा ग्लूकोज का उत्थान बढ़ाता है और ग्लूकोज मेटाबॉलिज्म को बढ़ाता है। यह क्षतिग्रस्त बीटा कोशिकाओं की मरम्मत करता है जो इंसुलिन बनाते हैं और उनकी मृत्यु को रोकते हैं। इसमें चरैनटिन और पॉलीपेप्टाइड-पी जैसे रासायनिक यौगिक शामिल हैं जो हाइपोग्लाइसेमिक प्रभाव दिखाते हैं। पॉलीपेप्टाइड-पी या पी-इंसुलिन एक इंसुलिन जैसा प्रोटीन है। यह शरीर में इंसुलिन की क्रिया की नकल करके काम करता है और टाइप -1 डायबिटीज़ के रोगियों में शुगर के स्तर को नियंत्रित करने में बहुत प्रभावी है।

करेला शरीर में फैट को ऊर्जा में परिवर्तित करने के लिए जिम्मेदार प्रणाली और एंजाइमों को बढ़ाकर मोटापे के इलाज में मदद करता है। यह शरीर में फैट के संचय को रोकता है, जो फैट से प्रेरित इंसुलिन रेजिस्टेंस को रोकता है। सीजन में, आपको एक दिन में कम से कम एक मध्यम करेला या 50-100 मिलीलीटर करेले का रस खाना चाहिए। आपकी एंटी-डायबिटिक दवा पर निर्भरता कम करने के लिए करेला आपकी जादुई गोली हो सकती है। यदि आप स्वस्थ और युवा हैं, लेकिन डायबिटीज़ का पारिवारिक इतिहास है, तो आपको कुदरती रूप से डायबिटीज़ को रोकने के लिए करेला खाना शुरू करना चाहिए।

2. मेथी दाना

प्राकृतिक रूप से डायबिटीज़ को नियंत्रित करने के लिए करेले के बाद मेथी के दाने दूसरा सबसे प्रभावी भोजन है। मेथी के दानों का नियमित सेवन डायबिटीज़ के विकास को प्रभावी रूप से रोकता है। मेथी के दाने ग्लूकोज प्रेरित इंसुलिन रिलीज को बढ़ाते हैं। शोध में पता चला है कि गर्म पानी में भिगोए गए मेथी के दाने के सेवन के बाद शुगर, ट्राइग्लिसराइड और एलडीएल-कोलेस्ट्रॉल में 30% तक की कमी आती है। यदि आपको डायबिटीज़ है, तो आपको हर दिन मेथी के दाने खाने चाहिए। लेकिन इससे पहले कि आप उन्हें खाना शुरू करें, अपने डॉक्टर से सलाह लें क्योंकि मेथी के नियमित सेवन से आपके रक्त में शुगर का स्तर कम हो जाता है, और आपको अपनी निर्धारित दवा की कम खुराक की आवश्यकता होती है। मेथी के दानों को एक कप पानी में रात भर भिगो दें। अगली सुबह खाली पेट मेथी को चबाएं और उस पानी को पीएं जिसमें मेथी को भिगोया था।

3. लौकी

लौकी के सेवन से रक्त में शुगर के स्तर को कम करने में मदद मिलती है। लौकी कैलोरी में बहुत कम और घुलनशील और अघुलनशील आहार फाइबर दोनों में उच्च है। इसमें लगभग 90% पानी होता है, जो इसे डायबिटीज़ में सब्जियों का विकल्प बनाता है। लौकी टाइप 2 डायबिटीज़ में इंसुलिन रेजिस्टेंस के विकास को रोकने में मदद करता है। यह प्रोटीन-टायरोसिन फॉस्फेट (PTP) 1B नामक एक एंजाइम की क्रिया को रोकता है, जो ग्लूकोज मेटाबॉलिज्म में सुधार करता है और लिवर में लिपिड जमा किए बिना इंसुलिन संवेदनशीलता को बढ़ाता है और इस तरह मोटापे को नियंत्रित करने में मदद करता है।

सुनिश्चित करें कि आप तीती लौकी को नहीं खाएंगे। खाना पकाने से पहले लौकी के एक टुकड़े को चख लें, अगर यह कड़वा है तो इसे त्याग दें क्योंकि तीती लौकी खाने योग्य नहीं होती है और यहां तक कि विषाक्तता और पेट का अल्सर भी हो सकता है।

4. जौ

यदि आप डायबिटीज़ को रोकना चाहते हैं, तो नियमित रूप से जौ खाना शुरू कर दें। आहार फाइबर की कम खपत डायबिटीज़ के बढ़ते प्रसार के साथ जुड़ी हुई है। जौ एंटीऑक्सिडेंट खनिजों जैसे मैग्नीशियम, कॉपर, सेलेनियम और क्रोमियम के साथ घुलनशील फाइबर का एक उत्कृष्ट स्रोत है। अनुसंधान से पता चलता है कि जौ की दीर्घकालिक खपत आपकी पहली पंक्ति की एंटी-डायबिटीज़ दवाओं की क्रिया के तंत्र की नकल करके रक्त में शुगर के स्तर को कम करने में प्रभावी है। यह इंसुलिन रेजिस्टेंस को कम करता है और कार्बोहाइड्रेट अवशोषण और मेटाबॉलिज्म में हस्तक्षेप करता है। जौ में कार्बोहाइड्रेट तेजी से रक्त में शुगर के स्तर को बढ़ाए बिना, धीरे-धीरे ग्लूकोज में परिवर्तित हो जाते हैं। यह एक हार्मोन बढ़ाता है जो पुरानी निम्न-श्रेणी की सूजन को कम करने में मदद करता है। जौ उन लोगों के लिए एक अविश्वसनीय निवारक भोजन है जो डायबिटीज़ के विकास के लिए उच्च जोखिम में हैं। आप जौ को पीसकर आटा बना सकते हैं। जब भी आप रोटी बनाते हैं तो गेहूं के

आटे में जौ का आटा मिलाएं; आप अपने केक बैटर में भी जौ का आटा मिला सकते हैं।

5. मोनोअनसैचुरेटेड फैट

मोनोअनसैचुरेटेड फैट जैसे कि जैतून का तेल, कैनोला तेल और एवोकैडो टाइप 1 या टाइप 2 डायबिटीज़ वाले लोगों के लिए फायदेमंद होते हैं जो वजन कम करने की कोशिश कर रहे हैं। उच्च-मोनोअनसैचुरेटेड-फैट वाले आहार एचडीएल-कोलेस्ट्रॉल के स्तर में मामूली वृद्धि और एलडीएल-कोलेस्ट्रॉल के स्तर को कम करते हैं, साथ ही साथ ग्लाइसेमिक नियंत्रण में सुधार करते हैं। मोनोअनसैचुरेटेड फैट युक्त तेल डायबिटीज़ में तेल का विकल्प है। आप अपने आहार में सैचुरेटेड फैट को मोनोअनसैचुरेटेड फैट के साथ रिप्लेस करके अपने दिल की रक्षा कर सकते हैं। मोनोअनसैचुरेटेड फैट की दैनिक खपत आपके फैट जलाने वाले हार्मोन एडिपोनेक्टिन को बढ़ाकर इंसुलिन रेजिस्टेंस और पेट की फैट के संचय को रोकती है। ध्यान रखें कि तेल कैलोरी में उच्च होते हैं, इसलिए संयम में खाएं, यहां तक कि स्वस्थ फैट भी। आपका उद्देश्य सैचुरेटेड फैट को मोनोअनसैचुरेटेड फैट के साथ बदलना होना चाहिए। कुल ऊर्जा खपत का 10% से कम पॉलीअनसेचुरेटेड फैट (सोयाबीन तेल, सूरजमुखी तेल और मकई का तेल) का सेवन

रखें। आपकी कुल फैट की खपत कुल ऊर्जा खपत (कार्बोहाइड्रेट और प्रोटीन से) के 35% से कम होनी चाहिए।

6. बीन्स

डायबिटीज़ वाले लोगों के लिए बीन्स एक सुपरफूड हैं। चना, राजमा और मटर जैसे फलियां टाइप 2 डायबिटीज़ के जोखिम को कम करने में मदद करते हैं। वे कार्बोहाइड्रेट युक्त होने के बावजूद ग्लाइसेमिक इंडेक्स (जीआई) के पैमाने पर कम हैं। वे टाइप 2 डायबिटीज़ के रोगियों में सीरम एडिपोनेक्टिन सांद्रता बढ़ाते हैं जो पेट की फैट को रोकने में मदद करते हैं और इंसुलिन रेजिस्टेंस की संभावना को कम करते हैं। हमेशा डिब्बाबंद बीन्स की जगह सूखे बीन्स का चयन करें क्योंकि डिब्बाबंद उत्पादों में बहुत सारा नमक मिलाया जाता है, जो आपके उच्च रक्तचाप की संभावना को बढ़ा सकता है। यदि आप डिब्बाबंद बीन्स का उपयोग करते हैं, तो जितना संभव हो नमक से छुटकारा पाने के लिए अच्छी तरह पानी से धोएं।

7. जिंक

टाइप 2 डायबिटीज़ में जिंक एक एंटीऑक्सीडेंट की भूमिका निभाता है। यह क्रोनिक हाइपरग्लेसेमिया को कम करके ऑक्सीडेटिव तनाव में सुधार करता है। यह देखा गया है कि डायबिटीज़ वाले लोगों में बिना डायबिटीज़ वाले लोगों की तुलना में जिंक का स्तर कम होता है। जिंक की कमी से डायबिटीज़ का विकास हो सकता है। ऐसा इसलिए है क्योंकि जिंक इंसुलिन मेटाबॉलिज्म में एक महत्वपूर्ण भूमिका निभाता है; यह इंसुलिन के उत्पादन और स्राव में मदद करता है। जैसे कि जिंक इम्यून सिस्टम को मजबूत करता है, यह बीटा कोशिकाओं को विनाश से बचाता है।

इसके अलावा, जिंक शरीर में वजन कम करने वाले एडिपोनेक्टिन हार्मोन के स्तर को बढ़ाकर डायबिटीज़ को रोकता है। अध्ययन से पता चलता है कि जिंक युक्त खाद्य पदार्थ टाइप 2 डायबिटीज़ में रक्त में शुगर के स्तर को निम्न रखने में मदद करते हैं। जिन खाद्य पदार्थों में जिंक की मात्रा अधिक होती है वे हैं काजू, तिल, छोले, राजमा, दूध और ओट्स ।

8. फल

मीठा होने के कारण, आम तौर पर, डायबिटीज़ वाले लोग फल नहीं खाते हैं, जो सही नहीं है। फल घुलनशील फाइबर से भरे होते हैं और इसमें वो चीनी नहीं होती है जो चॉकलेट, केक, बिस्कुट, फलों के रस और कोल्ड ड्रिंक्स में पाई जाती है। इसलिए, यदि आप चीनी का सेवन कम करना चाहते हैं, तो फलों के रस, शक्कर वाले पेय और केक से बचें। आप आसानी से एक बड़े केले या एक मध्यम सेब या एक दिन में पपीते का एक टुकड़ा ले सकते हैं।

9. लो फैट दही

प्रोबायोटिक्स शरीर में सूजन को कम करने में मदद करते हैं। दही प्रोबायोटिक्स का सबसे अच्छा उदाहरण है। दही में कार्बोहाइड्रेट कम होता है और इसमें अच्छी मात्रा में प्रोटीन, विटामिन डी, कैल्शियम और पोटैशियम होता है। यह टाइप 2 डायबिटीज़ वाले लोगों मेंरक्त शुगर, रक्तचाप, लिपिड प्रोफाइल और अन्य हृदय जोखिम कारकों को कम करता है। प्रोबायोटिक्स इंसुलिन रेजिस्टेंस और इन्फ्लेमेशन को कम करते हैं, जिससे ग्लाइसेमिक स्थिति नियंत्रित होती है। जो लोग दही खाते हैं उनका जो दही नहीं खाते हैं उनके मुकाबले ब्लड शुगर पर बेहतर नियंत्रण होता है। वजन बढ़ने से रोकने के लिए नियमित दही से कम फैट वाले दही विकल्प चुनें।

10. आंवला

आंवला विटामिन सी का सबसे समृद्ध स्रोत है, जिसमें संतरे की तुलना में 20 गुना अधिक विटामिन सी है। विटामिन सी टाइप 2 डायबिटीज़ वाले लोगों में रक्तचाप को कम करता है और आपके दिल की रक्षा करता है। आंवला पोषक तत्वों और फाइटोकेमिकल्स में समृद्ध है, जिसमें गैलिक एसिड, एलाजिक एसिड, गैलोटेनिन और कोरिलागिन शामिल हैं जो सभी शक्तिशाली एंटीऑक्सिडेंट हैं। अपने

फ्री रेडिकल्स को मारने वाले गुणों के माध्यम से, ये फाइटोकेमिकल्स हाइपरग्लाइसेमिया, हृदय संबंधी जटिलताओं और नेफ्रोपैथी और न्यूरोपैथी जैसे डायबिटीज़ की जटिलता को रोकने और कम करने में मदद करते हैं। आंवला लिपिड प्रोफाइल पर अनुकूल रूप से प्रभाव डालता है, यह उच्च घनत्व वाले लिपोप्रोटीन-कोलेस्ट्रॉल को बढ़ाता है और कम घनत्व वाले लिपोप्रोटीन-कोलेस्ट्रॉल के स्तर को कम करता है। इसे कच्चा खाएं या चटनी बनाएं या उबले हुए आंवले के रस का सेवन करें।

निष्कर्ष

टाइप 2 डायबिटीज़ एक जीवनशैली की बीमारी है। सबसे अच्छी बात यह है कि आप कुछ जीवनशैली में संशोधन करके डायबिटीज़ को रोक सकते हैं और नियंत्रित कर सकते हैं। जागरूकता की कमी और अस्वास्थ्यकर खाद्य पदार्थों के प्रचार-प्रसार और खराब जीवनशैली विकल्पों का परिणाम है कि आजकल लोगों में डायबिटीज़ की बिमारी बढ़ती जा रही है। अस्वास्थ्यकर खाद्य पदार्थों का आनंद लेने में कोई बुराई नहीं है, बशर्ते आप इन्हें मॉडरेशन में खाएं। भले ही आपके रक्त में शुगर का स्तर उच्च हो या न हो, डायबिटीज़ होने से बचने के लिए, बाहर खाने की अपनी आवृत्ति को कम करें। घर का बना खाना खाएं। घर पर ही जंक फ़ूड बना कर खाएं, और इसे शुरू से अंत तक खुद ही बनाएं। अंत तक, जब आपका खाना खाने के लिए तैयार होगा, तो आप अनजाने में ही एक बार में इतनी सारी अस्वास्थ्यकर चीजें खाने के अपराधबोध से भर जाएंगे। अगली बार से, आपको इन जंक फूड्स की कम क्रेविंग होगी। इस ट्रिक को अपनायें, यह काम करता है!

यदि आप डायबिटीज़ की दवा ले रहें हैं, तो अपने आहार में ऊपर वर्णित खाद्य पदार्थों को शामिल करने से पहले अपने चिकित्सक और फार्मासिस्ट से परामर्श करें। वे आपकी डायबिटीज़ की स्थिति और आपके डायबिटीज़ की जटिलताओं को देखते हुए आपको सही सलाह दे सकते हैं कि कौन से खाद्य पदार्थ आप खा सकते हैं और कौन से नहीं। जब आप ऊपर बताए गए खाद्य पदार्थ खाते हैं, तो आपके रक्त में शुगर के स्तर में गिरावट आती है, और आपको दवाओं की कम खुराक की आवश्यकता होती है। इसलिए नियमित रूप से अपने चिकित्सक से अपनी दवाओं की खुराक को एडजस्ट करने के लिए चर्चा करें, कभी-कभी डॉक्टर आपके वर्तमान रक्त में शुगर के स्तर की जांच किए बिना जल्दी में पिछली बार दी गई दवाइयों के डोज़ को दोहरा देते हैं।

प्रमुख बिंदु

- नियमित रूप से अपने रक्तचाप की जाँच करें। रक्तचाप <130/80 mmHg से कम बनाए रखें । हृदय रोग को रोकने में ग्लाइसेमिक नियंत्रण की तुलना में रक्तचाप का नियंत्रण अधिक प्रभावी हो सकता है।
- सक्रिय हों। आउटडोर गेम खेलें, सीढ़ियों का उपयोग करें, लंबे समय तक न बैठें। एक गतिहीन जीवन शैली मोटापे की ओर ले जाती है, जो इंसुलिन रेजिस्टेंस का कारण बनती है।
- मोनोअनसैचुरेटेड फैट खाने से आपके शरीर में एडिपोनेक्टिन (फैट जलाने वाले हार्मोन) का स्तर बढ़ता है।

- अपने आहार में अतिरिक्त मोनोअनसैचुरेटेड फैट को न जोड़ें, बल्कि सैचुरेटेड फैट को मोनोअनसैचुरेटेड फैट से बदलें।
- खूब पानी पियें। पानी यूरिन के माध्यम से आपके रक्त से अतिरिक्त चीनी को हटाने में मदद करता है।
- ऐसे खाद्य पदार्थ खाएं जिनमें घुलनशील फाइबर और कॉम्प्लेक्स कार्बोहाइड्रेट होते हैं जो ग्लाइसेमिक इंडेक्स में कम होते हैं। आप आमतौर पर प्रोटीन खा सकते हैं, लेकिन प्रोटीन उन लोगों में प्रतिबंधित है जिनको किडनी की क्षति का खतरा है।
- अपने हाइपोग्लाइसीमिया के लक्षणों पर नज़र रखें। हमेशा अपने साथ कुछ ग्लूकोज की गोलियां रखें।
- यदि आपको डायबिटीज़ है, तो डायबिटीज़ के नियमित परीक्षण से डायबिटीज़ की जटिलताओं से बचें, जो समस्याओं को जल्दी पकड़ सकता है और गंभीर डायबिटीज़ जटिलताओं को रोकने में आपकी मदद कर सकता है। रेटिना की कोई रक्त वाहिका क्षतिग्रस्त नहीं हुई है, यह सुनिश्चित करने के लिए वार्षिक नेत्र परीक्षण करवाएं। अपने कोलेस्ट्रॉल के स्तर की जाँच करवाएं। अपने किडनी के स्वास्थ्य की जांच करने के लिए नियमित यूरिन माइक्रोएल्ब्यूमिन परीक्षण प्राप्त करें, और अपने दिल के स्वास्थ्य की जांच करने के लिए इलेक्ट्रोकार्डियोग्राम करवाएं।

अध्याय 2

आहार योजना

डायबिटीज़

डायबिटीज़ + उच्च रक्तचाप

डायबिटीज़ + आर्थराइटिस

को नियंत्रित करने के लिए आहार योजना

1

डायबिटीज़ को नियंत्रित करने के लिए आहार योजना

डायबिटीज़ को नियंत्रित करने के लिए आहार योजना

- एक बड़े चमच मेथी को 250 मिलीलीटर पानी में रात भर भिगोएँ। अगली सुबह मेथी को चबाएं और मेथी का पानी पिएं। ऐसा प्रतिदिन करें। (उत्तम असरदायक)।

- कुछ (3-4) तुलसी के पत्तों को चबाएं या इन्हें अपनी सुबह की ग्रीन टी में मिला कर पिएं।

- एक मुट्ठी रात भर भिगोए हुए मेवे खाएं।

- आलू की जगह शकरकंद और सफेद चावल की जगह ब्राउन राइस खाएं।

- सप्ताह में तीन बार सुबह खाली पेट लहसुन की एक कली खाएं। (मेथी के बीज खाने के एक घंटे बाद)।

- 1:7 के अनुपात में अपने गेहूं के आटे में जौ का आटा मिलाएं। 7 किलो गेहूं के आटे में 1 किलो जौ का आटा मिलाएं। जौ का बीटा-ग्लूकन डायबिटीज़ को रोकने में बहुत प्रभावी है और वजन बढ़ने से भी रोकता है।

- अधिक पानी पिए, लगभग 2-3 लीटर, जो कि 250 मिलीलीटर के 10 -12 गिलास के बराबर है। पानी यूरिन के माध्यम से आपके रक्त से अतिरिक्त शुगर को हटाने में मदद करता है, और यह डिहाइड्रेशन को रोकने में मदद करता है।

- करेले के सीज़न में, रोज 50 मिलीलीटर से 100 मिलीलीटर ताजा करेले का रस पिएं। करेले को इसके छिलके के साथ पकाएं।

- रोजाना कई तरह के स्प्राउट्स खाएं।

- अपने आटे में फ्लक्ससीड्स डालें या दही में फ्लक्ससीड्स मिला कर खाएं।
- ऐसी सब्जियां खाएं जिनमें पानी की मात्रा अधिक हो जैसे लौकी और तरोई।
- बिना स्टार्च वाली सब्जियां जैसे कि गाजर, पत्तागोभी, फूलगोभी, हरी बीन्स और ब्रोकली खाएं।
- विटामिन सी युक्त खाद्य पदार्थ जैसे आंवला, नींबू, संतरा और शिमला मिर्च खाएं।
- खाना पकाने में जैतून का तेल, कैनोला तेल और सरसों के तेल का उपयोग करें।
- उच्च सॉल्युबल फाइबर के लिए अपने आहार में सेब, ओटमील और बीन्स शामिल करें।

2

डायबिटीज़ + हाई ब्लड प्रेशर को नियंत्रित करने के लिए आहार योजना

डायबिटीज़ + हाई ब्लड प्रेशर को नियंत्रित करने के लिए आहार योजना

- खाली पेट गर्म नीम्बू पानी पिएं।
- आधे घंटे के बाद, भिगोये हुए मेथी के दाने खाएं और मेथी का पानी पिएं। ऐसा प्रतिदिन करें।
- एक घंटे के बाद एक लहसुन खाएं। ऐसा प्रतिदिन करें।
- 2:10 के अनुपात में अपने गेहूं के आटे में जौ का आटा मिलाएं। 1 किलो गेहूं के आटे में 200 ग्राम जौ का आटा मिलाएं।

- ग्रीन टी में नींबू का रस और तुलसी के पत्ते मिला कर पिएं।
- एक मुट्ठी रात भर भिगोए हुए मेवे खाएं।
- एक दिन में लगभग 2-3 लीटर पानी पिएं।
- करेले के सीज़न में रोज 50 मिलीलीटर से 100 मिलीलीटर ताजा करेले का रस पिएं।
- एक केला खाएं, खासकर यदि आप उच्च रक्तचाप की दवाएं ले रहे हैं। चाय और अन्य उच्च ग्लाइसेमिक फलों में चीनी का सेवन कम करें, पर अपने आहार से केले को हटा न हटाएं।
- प्रतिदिन 50 से 100 मिली चुकंदर का रस पिएं।
- आटा में फ्लैक्स सीड्स डालें या इन्हें दही फलों के सलाद में मिला कर खाएं।
- आलू की जगह शकरकंद खाएं, लेकिन मॉडरेशन में।
- रात में हल्दी वाला गाय का दूध पिएं।
- पालक, केल, पत्तागोभी और बथुआ का भरपूर सेवन करें।
- दाल, छोले, राजमा और सोयाबीन की खपत बढ़ाएँ।
- लौकी, गाजर और तरोई खाएं। विटामिन सी युक्त खाद्य पदार्थ जैसे आंवला, नींबू, संतरा और शिमला मिर्च खाएं।
- खाना पकाने में जैतून का तेल, कैनोला तेल और सरसों के तेल का उपयोग करें।

3

डायबिटीज़ + आर्थराइटिस को नियंत्रित करने के लिए आहार योजना

डायबिटीज़ + आर्थराइटिस को नियंत्रित करने के लिए आहार योजना

- एक बड़े चमच मेथी को 250 मिलीलीटर पानी में रात भर भिगोएँ। अगली सुबह मेथी को चबाएं और मेथी का पानी पिएं। ऐसा प्रतिदिन करें। (उत्तम असरदायक)

- रात भर भिगोये हुए मुट्ठी भर अखरोट और अंजीर (2 टुकड़े) को रोजाना खाएं।

- ग्रीन टी में अदरक और तुलसी के पत्ते (3-4 पत्ते) मिला कर पिएं।
- लहसुन की एक कली खाली पेट सप्ताह में तीन बार खाएं (मेथी दाने खाने के एक घंटे बाद)।
- गेहूं के आटे में जौ का आटा और सोयाबीन का आटा 1.5:1:10 के अनुपात में मिलाएँ। 10 किलो साबुत गेहूं के आटे में 1.5 किलो जौ का आटा और 1 किलो सोयाबीन का आटा मिलाएं।
- आलू के बजाये शकरकंद और सफेद चावल के बजाये भूरे चावल खाएं।
- एक दिन में 2-3 लीटर पानी पिएं।
- अपने आहार में कुल्थी को शामिल करें।
- सर्दियों में ताजी हल्दी खूब खाएं। रात में हल्दी पाउडर के साथ उबला हुआ गाय का दूध पिएं।
- रोज 50 मिलीलीटर से 100 मिलीलीटर ताजा करेले का रस पिएं। करेले को इसके छिलके के साथ ही पकाएं।
- अंकुरित कुल्थी, अंकुरित मूंग और अंकुरित काले चने खाएं।
- गेहूँ के आटे में फ्लैक्स सीड्स डाल के इस्तेमाल करे या फ्रूट सलाद में फ्लैक्स सीड्स डाल के खाएं।
- ऐसी सब्जियां खाएं जिनमें पानी की मात्रा अधिक होती है जैसे लौकी और तरोई।
- बिना स्टार्च वाली सब्जियां जैसे कि गाजर, पत्तागोभी, फूलगोभी और ब्रोकली खाएं।

- पालक, केल, और मेथी के पत्ते सहित हरी सब्जियों का खूब सेवन करें।
- खाना पकाने में जैतून का तेल और सरसों के तेल का उपयोग करें। सूरजमुखी के तेल और मकई के तेल का उपयोग न करें।
- उच्च घुलनशील फाइबर के लिए अपने आहार में सेब, ओटमील, राजमा और छोले शामिल करें।

अध्याय 3

व्यंजन

आपके स्वास्थ्य को बढ़ावा देने के लिए स्वस्थ और स्वादिष्ट व्यंजन

छोले मसाला

छोले मसाला

4 व्यक्तियों के लिए

सामग्री:

छोले को पकाने के लिए

छोले: 200 ग्राम

टी बैग: 3

प्याज: 1 मध्यम

नमक स्वादअनुसार

पानी: 500 मिली

ग्रेवी के लिए

लहसुन: 12 कलियां

अदरक: 2 इंच

प्याज: 3 मध्यम

हींग: ½ छोटा चम्मच

जीरा: 1 चम्मच

तेज पत्ता - 1

धनिया पाउडर- 1 चम्मच

हल्दी पाउडर: 1 चम्मच

मिर्च पाउडर: स्वादानुसार

गरम मसाला- 1 चम्मच

छोले मसाला- 2 बड़े चम्मच

अमचूर: 1 चम्मच

ब्राउन शुगर: 1 बड़ा चम्मच

नमक स्वादअनुसार

पानी: 300 मिली

सरसों का तेल: 2 बड़े चम्मच

विधि:

1. छोले को पर्याप्त पानी में रात भर या कम से कम 8 घंटे तक भिगोयें।
2. अगली सुबह पानी फैंक दें और साफ़ पानी से छोले को अच्छी तरह से धोएं।
3. प्रेशर कुकर में भिगोए हुए छोले, टी बैग, नमक, कटा प्याज (1 माध्यम), और 500 मिली पानी डालें। मध्यम आंच पर 5-6 सीटी आने तक प्रेशर कुक करें। इसमें लगभग 15 मिनट लगेंगे।

4. जब आप चम्मच से छोले मैश करें तो यह नरम होने चाहिए। अगर छोले सख्त हैं, तो दो सीटी आने तक और पकायें।
5. छोले का पानी छान लें और पानी को बचाकर रख लें, इसे फैंके नहीं।
6. प्याज, लहसुन और अदरक को एक साथ पीस के पेस्ट बना लें।
7. गर्म पैन में सरसों का तेल डालें, अब हींग, जीरा और तेज पत्ता डालें। 2-3 मिनट पकायें।
8. तेल में प्याज का पेस्ट डालें और पैन को ढक के मध्यम आंच पर 15 मिनट तक तेल छोड़ने तक पकाएं। प्याज का कच्चा स्वाद पूरी तरह से चले जाना चाहिए।
9. अब इसमें हल्दी, धनिया पाउडर, अमचूर, लाल मिर्च पाउडर, चीनी, नमक (ध्यान रखें, हमने छोले को पकाते समय भी नमक डाला था), गरम मसाला, और छोले मसाला डालें।
10. 2-3 मिनट तक पकाएं।
11. छोले डालें, अच्छी तरह मिलाएँ। मसाले का मिश्रण छोले को पूरी तरह कोट करना चाहिए। इसे ढककर 5-7 मिनट तक पकाएं।
12. इसमें छोले का पानी जिसमें छोले पकाया था डालें। 300 मिलीलीटर पानी और डालें। पानी छोले के ठीक ऊपर होना चाहिए। बहुत अधिक पानी न डालें, नहीं तो स्वाद हल्का हो जायेगा।
13. ग्रेवी को गाढ़ा बनाने के लिए लगभग 20% छोले को मैश कर लें।
14. इसे ढककर धीमी आंच पर 18-20 मिनट तक पकाएं जब तक कि छोले मसालों को पूरी तरह सोख न लें। ग्रेवी गाढ़ी होनी चाहिए।
15. आपका छोले मसाला खाने के लिए तैयार है। इसे नॉन-फ्राइड ओट्स भटूरे या ब्राउन राइस के साथ खाएं।

नॉन-फ्राइड ओट्स भटूरे

नॉन-फ्राइड ओट्स भटूरे

4 व्यक्तियों के लिए

सामग्री:

ओट्स: 2 ½ कप

साबुत गेहूं का आटा: 1। कप

नमक स्वादअनुसार

ब्राउन शुगर: 1 चम्मच

बेकिंग पाउडर: 1 चम्मच

बेकिंग सोडा: 1 चम्मच

गाढ़ा दही: 1 कप

ओलिव आयल - 1 बड़ा चम्मच + भटूरे बनाने के लिए

विधि:

1. ओट्स को पीस लें। एक बड़े कटोरे में साबुत गेहूं के आटे के साथ मिलाएं। नमक, चीनी, बेकिंग पाउडर, बेकिंग सोडा और तेल डाल कर अच्छी तरह मिलाएं।
2. एक कप गाढ़ा दही डालें और 5-6 मिनट तक गूँथे। कुरकुरी भटूरे बनाने के लिए आटा थोड़ा सख्त होना चाहिए। आवश्यकता हो तो और दही डालें।
3. आटे को गीले मलमल के कपड़े से ढक कर कम से कम 2 घंटे के लिए छोड़ दें।
4. आटे को 15 बराबर भागों में बाँट लें।
5. अपनी हथेली को तेल से अच्छी तरह से चिकना कर लें। 1 भाग लें और अपनी दोनों हाथेलियों से एक गेंद का आकार बनाएं। गेंद को चिकना करें, ध्यान रखें की इसमें दरार न हो।
6. सभी भागों के लिए प्रक्रिया को दोहराएं।
7. अब 1 बॉल लें और इसे ओवल शेप या राउंड डिस्क में रोल करें। यह न तो बहुत अधिक मोटा होना चाहिए और न ही पतला होना चाहिए।
8. तवा गरम करें। इसे तेल से चिकना कर लें और अब एक भटूरा डालें।
9. भटूरे को एक तरफ से सेंक लें। इसे पलट दें और दूसरी तरफ से भी कुरकुरा बनाने के लिए इसमें 1 चम्मच तेल डालें। दूसरी तरफ से भी पका लें। दोनों तरफ भूरे रंग के धब्बे आ जाएं मतलब की भटूरा पक गया है।
10. नॉन-फ्राइड ओट्स भटूरे को छोले मसाले के साथ खाएं।

ला फॉनसिएर द्वारा नोट

प्रिय पाठक,

डायबिटीज़ से बचाव और नियंत्रण के लिए खाएं पुस्तक पढ़ने के लिए आपका धन्यवाद। मुझे उम्मीद है कि होगी।

यदि आपको यह पुस्तक उपयोगी लगी, तो कृपया ऑनलाइन रिव्यु करें। अन्य स्वास्थ्य के प्रति जागरूक पाठकों की मदद करके उन्हें यह बताएं कि आपको इस पुस्तक क्यों पसंद आयी। आप ईट टू प्रीवेंट एंड कंट्रोल आर्थराइटिस की समीक्षा कर सकते हैं।

https://eatsowhat.com/esw-mailing-list पर मेरी मेलिंग सूची में शामिल होंए।

ईट सो व्हॉट! श्रृंखला में जानें कि कैसे शाकाहारी भोजन बीमारी से मुक्त, स्वस्थ जीवन का समाधान है! श्रृंखला- **ईट सो व्हॉट! शाकाहार की शक्ति** और **ईट सो व्हॉट! स्वस्थ रहने के स्मार्ट तरीके।**

यदि आप अपनी बालों की समस्याओं के स्थायी समाधान की तलाश में हैं, तो मेरी पुस्तक **स्वस्थ बालों का राज़** पढ़ें।

मेरी सभी पुस्तकें ईबुक, पेपरबैक और हार्डकवर एडिशन्स में उपलब्ध हैं।

सादर
ला फॉनसिएर

महत्वपूर्ण शब्दावली

आर्टरीज़/धमनियां: धमनियां रक्त वाहिकाएं होती हैं जो हृदय से शरीर तक ऑक्सीजन युक्त रक्त ले जाती हैं।

वैस्कुलर: वैस्कुलर उन वाहिकाओं से संबंधित है जो शरीर में रक्त ले जाते हैं।

ग्लूकोज: ग्लूकोज का मतलब ग्रीक में मीठा होता है। यह एक प्रकार की चीनी है। आपको खाद्य पदार्थों से कार्बोहाइड्रेट मिलते हैं, जो ग्लूकोज में टूट जाते हैं, और आपका शरीर इसे ऊर्जा के लिए उपयोग करता है।

हाइपरग्लेसेमिया: हाइपरग्लेसेमिया रक्त में शुगर (ग्लूकोज) के उच्च स्तर को संदर्भित करता है।

बायोअवेलेबिलिटी: शरीर में अपना प्रभाव दिखाने के लिए शरीर में जाने के बाद एक पदार्थ का वास्तविक अनुपात जो ब्लड सर्कुलेशन तक पहुंचता है।

लेखिका के बारे में

ला फॉनसिएर पुस्तक श्रृंखला **ईट सो व्हॉट!**, **सीक्रेट ऑफ़ हेल्दी हेयर** और **ईट टू प्रिवेंट एंड कंट्रोल डिसीज़** की लेखिका हैं। वह एक स्वास्थ्य ब्लॉगर और एक हिप हॉप डांस आर्टिस्ट हैं। उन्होंने फार्मास्युटिकल टेक्नोलॉजी में विशेषज्ञता के साथ फार्मेसी में मास्टर डिग्री हासिल की है। उन्होंने रिसर्च एंड डेवलपमेंट डिपार्टमेंट में रिसर्च साइंटिस्ट के रूप में काम किया है। वह एक पंजीकृत फार्मासिस्ट है। एक शोध वैज्ञानिक होने के नाते, वह मानती हैं कि पौष्टिक शाकाहारी भोजन और स्वस्थ जीवन शैली के साथ अधिकांश बीमारियों को रोका जा सकता है।

ला फॉनसिएर की अन्य पुस्तकें

फुल लेंथ पुस्तकें:

मिनी एडिशन:

हिंदी एडिशन:

ला फॉनसिएर से जुड़ें

Instagram: @la_fonceur | @eatsowhat

Facebook: LaFonceur | eatsowhat

Twitter: @la_fonceur

Amazon Author Page:

www.amazon.com/La-Fonceur/e/B07PM8SBSG/

Bookbub Author Page: www.bookbub.com/authors/la-fonceur

Sign up to my website to get exclusive offers on my books:

Blog: www.eatsowhat.com

Website: www.lafonceur.com/sign-up

Lightning Source UK Ltd.
Milton Keynes UK
UKHW021913140521
383755UK00003B/292

9 781034 659242